Dear parents,

As a mom and as an educator, I am
Workbook series with all of you. I d
elementary school, utilizing all of m
gained while studying and working in the fields of Elementary Education and
Gifted Education in South Korea as well as in the United States.

While raising my kids in the U.S., I had great disappointment and
dissatisfaction about the math curriculum in the public schools. Based on my
analysis, students cannot succeed in math with the current school curriculum
because there is no sequential building up of fundamental skills. This is akin to
building a castle on sand. So instead, I wanted to find a good workbook, but
couldn't. And I also tried to find a tutor, but the price was too expensive for me.
These are the reasons why I decided to make the Tiger Math series on my own.

The Tiger Math series was designed based on my three beliefs toward
elementary math education.

1. It is extremely important to build foundation of math by acquiring a sense of numbers and mastering the four operation skills in terms of addition, subtraction, multiplication, and division.
2. In math, one should go through all steps in order, step by step, and cannot jump from level 1 to 3.
3. Practice math every day, even if only for 10 minutes.

If you feel that you don't know where your child should start, just choose a
book in the Tiger Math series where your child thinks he/she can complete
most of the material. And encourage your child to do only 2 sheets every day.
When your child finishes the 2 sheets, review them together and encourage
your child about his/her daily accomplishment.

I hope that the Tiger Math series can become a stepping stone for your child in
gaining confidence and for making them interested in math as it has for my
kids. Good luck!

Michelle Y. You, Ph.D.
Founder and CEO of Tiger Math

ACT scores show that only one out of four high school graduates are prepared
to learn in college. This preparation needs to start early. In terms of basic math
skills, being proficient in basic calculation means a lot. Help your child succeed
by imparting basic math skills through hard work.

Sungwon S. Kim, Ph.D.
Engineering professor

Level B – 3: Plan of Study

Goal A: Learn the basics of subtraction. (Week 1 ~ 4)

Goal B: Practice subtracting 1, 2, 3, and 4 from the numbers in between 1 and 20. (Week 1 ~ 4)

Week 1

Day	Tiger Session		Topic	Goal
Mon	81	82	Subtracting 1	(1 ~ 5) – 1
Tue	83	84	Subtracting 1	(6 ~ 10) – 1
Wed	85	86	Subtracting 1	(11 ~ 20) – 1
Thu	87	88	Subtracting 1	(21 ~ 30) – 1
Fri	89	90	Subtracting 1	Review

Week 2

Day	Tiger Session		Topic	Goal
Mon	91	92	Subtracting 2	(2 ~ 6) – 2
Tue	93	94	Subtracting 2	(6 ~ 10) – 2
Wed	95	96	Subtracting 2	(11 ~ 20) – 2
Thu	97	98	Subtracting 2	(2 ~ 20) – 2
Fri	99	100	Subtracting 2	Review

Week 3

Day	Tiger Session		Topic	Goal
Mon	101	102	Subtracting 3	(3 ~ 7) – 3
Tue	103	104	Subtracting 3	(8 ~ 12) – 3
Wed	105	106	Subtracting 3	(13 ~ 20) – 3
Thu	107	108	Subtracting 3	Review
Fri	109	110	Subtracting 3	Review

Week 4

Day	Tiger Session		Topic	Goal
Mon	111	112	Subtracting 4	(4 ~ 8) – 4
Tue	113	114	Subtracting 4	(9 ~ 12) – 4
Wed	115	116	Subtracting 4	(13 ~ 20) – 4
Thu	117	118	Subtracting 4	Review
Fri	119	120	Subtracting 4	Review

Week 1

This week's goal is to subtract 1 from the numbers in between 1 and 30.

Tiger Session

Monday	81	82
Tuesday	83	84
Wednesday	85	86
Thursday	87	88
Friday	89	90

81 Subtracting 1 ①

♠ **Subtract.**

1) $1 - 1 = \square$

2) $2 - 1 = \square$

3) $3 - 1 = \square$

4) $4 - 1 = \square$

5) $5 - 1 = \square$

6)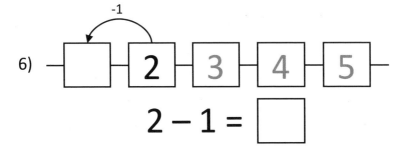

2 − 1 = ☐

7)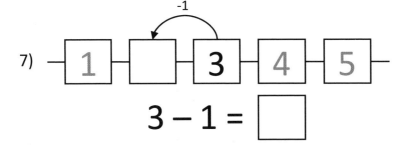

3 − 1 = ☐

8)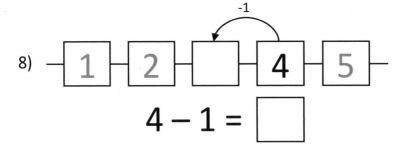

4 − 1 = ☐

9) 5 − 1 = ☐

82 Subtracting 1 ②

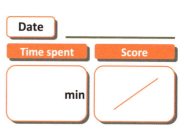

♠ **Subtract.**

1) $5 - 1 =$

2) $4 - 1 =$

3) $3 - 1 =$

4) $2 - 1 =$

5) $1 - 1 =$

6) $2 - 1 =$

7) $3 - 1 =$

8) $4 - 1 =$

9) $3 - 1 =$

10) $5 - 1 =$

11) $4 - 1 =$

12) $2 - 1 =$

13) $1 - 1 =$

14) $5 - 1 =$

15) There were 3 apples on a table. Nathalie ate 1 out of 3. How many apples are now left on the table?

Equation: _____ — _____ = _____

Answer: _____ apples

83 Subtracting 1 ③

Date _____
Time spent ___ min
Score __/__

♠ **Subtract.**

1) 6 − 1 = ☐

2) 7 − 1 = ☐

3) 8 − 1 = ☐

4) 9 − 1 = ☐

5) 10 − 1 = ☐

6)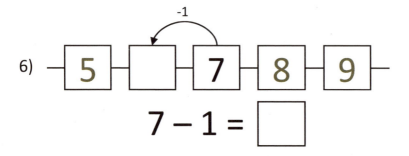

7 − 1 = ☐

7)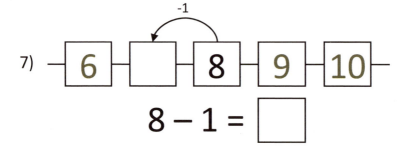

8 − 1 = ☐

8)

9 − 1 = ☐

9)

10 − 1 = ☐

84 Subtracting 1 ④

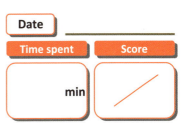

♠ **Subtract.**

1) 6 – 1 =

2) 8 – 1 =

3) 10 – 1 =

4) 9 – 1 =

5) 7 – 1 =

6) 6 – 1 =

7) 8 – 1 =

8) 7 – 1 =

9) 10 − 1 =

10) 6 − 1 =

11) 8 − 1 =

12) 7 − 1 =

13) 9 − 1 =

14) 6 − 1 =

15) Mom baked 8 cookies. After a while, Logan came and ate 1. Then, how many cookies are left?

Equation: ____ − ____ = ____

Answer: ____ cookies

85 Subtracting 1 ⑤

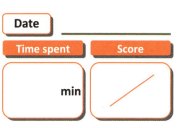

♠ **Subtract.**

1) 11 − 1 = ☐

2) 12 − 1 = ☐

3) 13 − 1 = ☐

4) 14 − 1 = ☐

5) 15 − 1 = ☐

6) 16 − 1 = ☐

7) 17 − 1 = ☐

8) 18 − 1 = ☐

9) 19 − 1 = ☐

86 Subtracting 1 ⑥

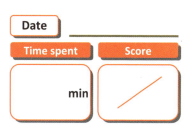

♠ **Subtract.**

1) 11 − 1 =

2) 13 − 1 =

3) 15 − 1 =

4) 17 − 1 =

5) 19 − 1 =

6) 12 − 1 =

7) 14 − 1 =

8) 16 − 1 =

9) $15 - 1 =$

10) $12 - 1 =$

11) $17 - 1 =$

12) $20 - 1 =$

13) $14 - 1 =$

14) $19 - 1 =$

15) There were 18 eggs in the refrigerator. After mom used 1, how many eggs are still in the refrigerator?

Equation: _____ — _____ = _____

Answer: _____ eggs

87 Subtracting 1 ⑦

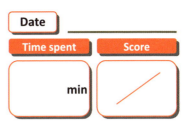

♠ **Subtract.**

1)

$21 - 1 = \boxed{}$

2)

$22 - 1 = \boxed{}$

3)

$23 - 1 = \boxed{}$

4)

$24 - 1 = \boxed{}$

5) $25 - 1 = \boxed{24}$

6) $26 - 1 = \boxed{25}$

7) $27 - 1 = \boxed{26}$

8) $28 - 1 = \boxed{27}$

9) $29 - 1 = \boxed{28}$

88 Subtracting 1 ⑧

♠ **Subtract.**

1) 21 − 1 =

2) 23 − 1 =

3) 25 − 1 =

4) 27 − 1 =

5) 29 − 1 =

6) 24 − 1 =

7) 26 − 1 =

8) 28 − 1 =

9) 22 − 1 =

10) 26 − 1 =

11) 30 − 1 =

12) 24 − 1 =

13) 29 − 1 =

14) 27 − 1 =

15) There are 26 baseballs in a box. After Ryan comes and picks a baseball from the box, how many baseballs are left in the box?

Equation: _____ − _____ = _____

Answer: _____ baseballs

89 Subtracting 1 ⑨

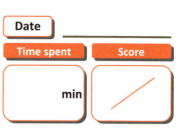

♠ **Subtract.**

1) 7 − 1 =

2) 11 − 1 =

3) 5 − 1 =

4) 24 − 1 =

5) 15 − 1 =

6) 2 − 1 =

7) 27 − 1 =

8) 9 − 1 =

9) 18 − 1 =

10) 6 − 1 =

11) 14 − 1 =

12) 30 − 1 =

13) 10 − 1 =

14) 27 − 1 =

15) 3 − 1 =

16) 30 − 1 =

17) 17 − 1 =

18) 8 − 1 =

90 Subtracting 1 ⑩

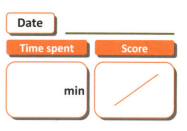

♠ **Subtract.**

1) $2 - 1 =$

2) $12 - 1 =$

3) $22 - 1 =$

4) $7 - 1 =$

5) $17 - 1 =$

6) $27 - 1 =$

7) $8 - 1 =$

8) $10 - 1 =$

9) Ethan made 6 snowmen. After 1 melted away, how many snowmen are left?

   Equation: _____ — _____ = _____

   Answer: _____ snowmen

10) There are 12 children swimming in a pool. After a child leaves, how many children are still in the pool?

    Equation: _____ — _____ = _____

    Answer: _____ children

Week 2

This week's goal is to subtract 2 from the numbers in between 2 and 20.

Tiger Session

Monday	91	92
Tuesday	93	94
Wednesday	95	96
Thursday	97	98
Friday	99	100

91 Subtracting 2 ①

♠ **Subtract.**

1)    2 − 2 = ☐

2)    3 − 2 = ☐

3)

4)

5)    6 − 2 = ☐

6)

2 − 2 = ☐

7)

3 − 2 = ☐

8)

4 − 2 = ☐

9)

5 − 2 = ☐

10)

6 − 2 = ☐

92 Subtracting 2 ②

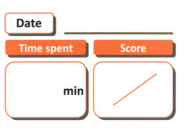

♠ **Subtract.**

1) 3 − 2 =

2) 5 − 2 =

3) 4 − 2 =

4) 6 − 2 =

5) 5 − 2 =

6) 4 − 2 =

7) 3 − 2 =

8) 2 − 2 =

9) $4 - 2 =$

10) $6 - 2 =$

11) $2 - 2 =$

12) $5 - 2 =$

13) $3 - 2 =$

14) $4 - 2 =$

15) There are 6 children playing basketball on a baseball court. After a while, 2 leave. How many children are left on the court?

Equation: ____ — ____ = ____

Answer: ____ children

93 Subtracting 2 ③

Date _____
Time spent ___ min
Score ___

♠ **Subtract.**

1) $6 - 2 = \square$

2) $7 - 2 = \square$

3) $8 - 2 = \square$

4) $9 - 2 = \square$

5) $10 - 2 = \square$

6)

6 − 2 = ☐

7)

7 − 2 = ☐

8)

8 − 2 = ☐

9)

9 − 2 = ☐

10)

10 − 2 = ☐

94 Subtracting 2 ④

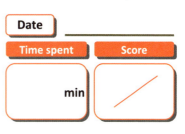

♠ **Subtract.**

1) 6 − 2 =

2) 8 − 2 =

3) 10 − 2 =

4) 7 − 2 =

5) 9 − 2 =

6) 6 − 2 =

7) 8 − 2 =

8) 7 − 2 =

9) $10 - 2 =$

10) $6 - 2 =$

11) $9 - 2 =$

12) $7 - 2 =$

13) $5 - 2 =$

14) $8 - 2 =$

15) Joy made 10 drawings this month and 2 drawings last month. How many more drawings did Joy make this month?

Equation: _____ — _____ = _____

Answer: _____ drawings

95 Subtracting 2 ⑤

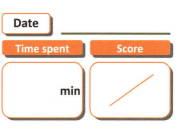

♠ **Subtract.**

1) 12 − 2 = ☐

2) 13 − 2 = ☐

3) 14 − 2 = ☐

4) 15 − 2 = ☐

5) $15 - 2 = \square$

6) $16 - 2 = \square$

7) $17 - 2 = \square$

8) $18 - 2 = \square$

9) $19 - 2 = \square$

96 Subtracting 2 ⑥

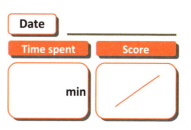

♠ **Subtract.**

1) 11 – 2 =

2) 13 – 2 =

3) 15 – 2 =

4) 17 – 2 =

5) 12 – 2 =

6) 14 – 2 =

7) 16 – 2 =

8) 18 – 2 =

9) 19 − 2 =

10) 12 − 2 =

11) 14 − 2 =

12) 18 − 2 =

13) 15 − 2 =

14) 20 − 2 =

15) At Amber's birthday party, Amber inflated 11 balloons. Suddenly 2 balloons popped. How many balloons were left?

Equation: _____ − _____ = _____

Answer: _____ balloons

97 Subtracting 2 ⑦

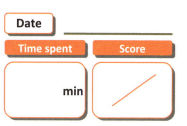

♠ **Subtract.**

1) $2 - 2 =$

2) $4 - 2 =$

3) $6 - 2 =$

4) $8 - 2 =$

5) $10 - 2 =$

6) $12 - 2 =$

7) $14 - 2 =$

8) $16 - 2 =$

9) $3 - 2 =$

10) $5 - 2 =$

11) $7 - 2 =$

12) $9 - 2 =$

13) $11 - 2 =$

14) $13 - 2 =$

15) $15 - 2 =$

16) $17 - 2 =$

17) $19 - 2 =$

18) $20 - 2 =$

98 Subtracting 2 ⑧

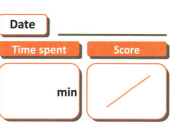

♠ **Subtract.**

1) $7 - 2 =$

2) $4 - 2 =$

3) $15 - 2 =$

4) $5 - 2 =$

5) $8 - 2 =$

6) $18 - 2 =$

7) $6 - 2 =$

8) $9 - 2 =$

9) 10 − 2 =

10) 20 − 2 =

11) 11 − 2 =

12) 2 − 2 =

13) 16 − 2 =

14) 5 − 2 =

15) For the last two weeks, it was sunny for 11 days and snowy for 2 days. How many more days were sunny?

Equation: _____ − _____ = _____

Answer: _____ days

99 Subtracting 2 ⑨

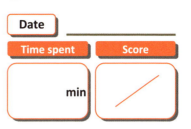

♠ **Subtract.**

1) $3 - 2 =$

2) $6 - 2 =$

3) $9 - 2 =$

4) $12 - 2 =$

5) $15 - 2 =$

6) $18 - 2 =$

7) $2 - 2 =$

8) $4 - 2 =$

9) 11 − 2 =

10) 7 − 2 =

11) 12 − 2 =

12) 17 − 2 =

13) 5 − 2 =

14) 10 − 2 =

15) 15 − 2 =

16) 20 − 2 =

17) 4 − 2 =

18) 8 − 2 =

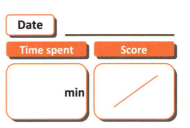

Subtracting 2 ⑩

♠ **Subtract.**

1) 8 − 2 =

2) 4 − 2 =

3) 14 − 2 =

4) 10 − 2 =

5) 6 − 2 =

6) 16 − 2 =

7) 20 − 2 =

8) 7 − 2 =

9) Emily had 14 gumballs. After she gave 2 gumballs to her sister, how many gumballs are left?

Equation: _____ − _____ = _____

Answer: _____ gumballs

10) There were 18 slices of pizza. After Patricia eats 2 slices, how many slices of pizza are left?

Equation: _____ − _____ = _____

Answer: _____ slices

Week 3

This week's goal is to subtract 3 from the numbers in between 3 and 20.

Tiger Session

Monday	101	102
Tuesday	103	104
Wednesday	105	106
Thursday	107	108
Friday	109	110

101 Subtracting 3 ①

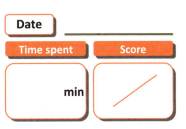

♠ **Subtract.**

1) 4 − 3 = ☐

2) 5 − 3 = ☐

3) 6 − 3 = ☐

4) 7 − 3 = ☐

5) $3 - 3 = \boxed{}$

6) $4 - 3 = \boxed{}$

7) $5 - 3 = \boxed{}$

8) $6 - 3 = \boxed{}$

9) $7 - 3 = \boxed{}$

Subtracting 3 ②

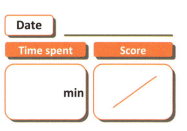

♠ **Subtract.**

1) $3 - 3 =$

2) $4 - 3 =$

3) $5 - 3 =$

4) $6 - 3 =$

5) $7 - 3 =$

6) $5 - 3 =$

7) $4 - 3 =$

8) $6 - 3 =$

9) $4 - 3 =$

10) $6 - 3 =$

11) $3 - 3 =$

12) $5 - 3 =$

13) $7 - 3 =$

14) $4 - 3 =$

15) Gracie has 7 puppies and 3 kittens. How many more puppies does she have than kittens?

Equation: _____ − _____ = _____

Answer: _____ puppies

Subtracting 3 ③

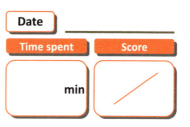

♠ **Subtract.**

1) 8 − 3 = ☐

2) 9 − 3 = ☐

3) 10 − 3 = ☐

4) 11 − 3 = ☐

5) 8 − 3 = ☐

6) 9 − 3 = ☐

7) 10 − 3 = ☐

8) 11 − 3 = ☐

9) 12 − 3 = ☐

104 Subtracting 3 ④

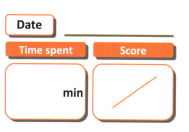

♠ **Subtract.**

1) 8 − 3 =

2) 9 − 3 =

3) 10 − 3 =

4) 11 − 3 =

5) 12 − 3 =

6) 9 − 3 =

7) 7 − 3 =

8) 8 − 3 =

9) 12 − 3 =

10) 10 − 3 =

11) 8 − 3 =

12) 11 − 3 =

13) 7 − 3 =

14) 9 − 3 =

15) In a toy room, 11 children are playing with trains and 3 with dolls. How many more children are playing with trains than dolls?

Equation: _____ − _____ = _____

Answer: _____ children

Subtracting 3 ⑤

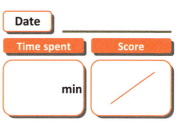

♠ **Subtract.**

1) 12 − 3 = ☐

2) 13 − 3 = ☐

3) 14 − 3 = ☐

4) 15 − 3 = ☐

5) $16 - 3 = \boxed{}$

6) $17 - 3 = \boxed{}$

7) $18 - 3 = \boxed{}$

8) $19 - 3 = \boxed{}$

9) $20 - 3 = \boxed{}$

Subtracting 3 ⑥

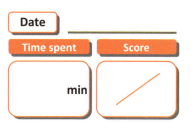

♠ **Subtract.**

1) 13 − 3 =

2) 14 − 3 =

3) 15 − 3 =

4) 16 − 3 =

5) 17 − 3 =

6) 18 − 3 =

7) 19 − 3 =

8) 20 − 3 =

9) 17 − 3 =

10) 16 − 3 =

11) 20 − 3 =

12) 14 − 3 =

13) 15 − 3 =

14) 18 − 3 =

15) There are 17 apples on a table. Hannah ate 3 of them. How many apples are left?

Equation: _____ − _____ = _____

Answer: _____ apples

107 Subtracting 3 ⑦

♠ **Subtract.**

1) $8 - 3 =$

2) $4 - 3 =$

3) $14 - 3 =$

4) $10 - 3 =$

5) $12 - 3 =$

6) $6 - 3 =$

7) $16 - 3 =$

8) $18 - 3 =$

9) 7 − 3 =

10) 17 − 3 =

11) 11 − 3 =

12) 3 − 3 =

13) 13 − 3 =

14) 9 − 3 =

15) 19 − 3 =

16) 5 − 3 =

17) 15 − 3 =

18) 20 − 3 =

108 Subtracting 3 ⑧

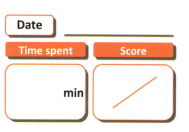

♠ **Subtract.**

1) 4 − 3 =

2) 6 − 3 =

3) 8 − 3 =

4) 10 − 3 =

5) 12 − 3 =

6) 14 − 3 =

7) 16 − 3 =

8) 18 − 3 =

9) At Abigail's birthday party, she received 9 dolls, 4 books, and 3 pencils from her friends. How many more dolls did she have than pencils?

Equation: _____ − _____ = _____

Answer: _____ dolls

10) There are 20 birds sitting in a tree. After 3 fly off, how many birds are left in the tree?

Equation: _____ − _____ = _____

Answer: _____ birds

109 Subtracting 3 ⑨

♠ **Subtract.**

1) 3 − 3 =

2) 6 − 3 =

3) 9 − 3 =

4) 12 − 3 =

5) 15 − 3 =

6) 18 − 3 =

7) 8 − 3 =

8) 9 − 3 =

9) 4 − 3 =

10) 8 − 3 =

11) 10 − 3 =

12) 7 − 3 =

13) 13 − 3 =

14) 20 − 3 =

15) 5 − 3 =

16) 17 − 3 =

17) 11 − 3 =

18) 14 − 3 =

110 Subtracting 3 ⑩

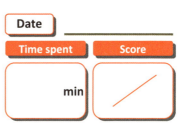

♠ **Subtract.**

1) 8 − 3 =

2) 18 − 3 =

3) 4 − 3 =

4) 12 − 3 =

5) 10 − 3 =

6) 16 − 3 =

7) 7 − 3 =

8) 9 − 3 =

9) In the gym, there are 20 baseballs. There are 3 less soccer balls than baseballs. How many soccer balls are in the gym?

Equation: _____ − _____ = _____

Answer: _____ soccer balls

10) There are 10 people on a bus. At a bus stop, 3 people get off the bus, and no one gets on. How many people are on the bus now?

Equation: _____ − _____ = _____

Answer: _____ people

Week 4

This week's goal is to subtract 4 from the numbers in between 4 and 20.

Tiger Session

Monday	111	112
Tuesday	113	114
Wednesday	115	116
Thursday	117	118
Friday	119	120

111 Subtracting 4 ①

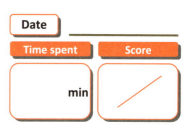

♠ **Subtract.**

1) 5 − 4 = ☐

2) 6 − 4 = ☐

3) 7 − 4 = ☐

4) 8 − 4 = ☐

5) 4 − 4 = ☐

6) 5 − 4 = ☐

7) 6 − 4 = ☐

8) 7 − 4 = ☐

9) 8 − 4 = ☐

112 Subtracting 4 ②

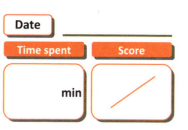

♠ **Subtract.**

1) 4 − 4 =

2) 5 − 4 =

3) 6 − 4 =

4) 7 − 4 =

5) 8 − 4 =

6) 7 − 4 =

7) 6 − 4 =

8) 5 − 4 =

9) $6 - 4 =$

10) $8 - 4 =$

11) $4 - 4 =$

12) $7 - 4 =$

13) $5 - 4 =$

14) $8 - 4 =$

15) At a zoo, there are two lions whose names are Emily and Jackson. Emily is 8 years old, and Jackson is 4 years younger than Emily. How old is Jackson?

Equation: _____

Answer: _____ years old

Subtracting 4 ③

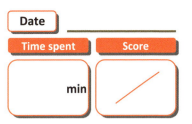

♠ **Subtract.**

1) 8 − 4 = ☐

2) 9 − 4 = ☐

3) 10 − 4 = ☐

4) 11 − 4 = ☐

5)

3 □ 5 6 7 **8** 9 10

$$8 - 4 = \square$$

6)

□ 6 7 8 **9** 10 11 12

$$9 - 4 = \square$$

7)

5 □ 7 8 9 **10** 11 12

$$10 - 4 = \square$$

8)

5 6 7 8 9 10 **11** 12

$$11 - 4 = \square$$

9)

5 6 7 8 9 10 11 **12**

$$12 - 4 = \square$$

114 Subtracting 4 ④

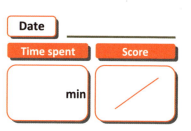

♠ **Subtract.**

1) 8 − 4 =

2) 9 − 4 =

3) 10 − 4 =

4) 11 − 4 =

5) 12 − 4 =

6) 11 − 4 =

7) 10 − 4 =

8) 9 − 4 =

9) $8 - 4 =$

10) $12 - 4 =$

11) $7 - 4 =$

12) $11 - 4 =$

13) $9 - 4 =$

14) $10 - 4 =$

15) There are 7 bagels in a box. This morning, my family ate 4 out of 7. How many bagels are left?

Equation: _____

Answer: _____ bagels

115 Subtracting 4 ⑤

♠ **Subtract.**

1) 13 − 4 = ☐

2) 14 − 4 = ☐

3) 15 − 4 = ☐

4) 16 − 4 = ☐

5) 16 − 4 = ☐

6) 17 − 4 = ☐

7) 18 − 4 = ☐

8) 19 − 4 = ☐

9) 20 − 4 = ☐

Subtracting 4 ⑥

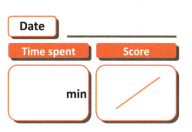

♠ **Subtract.**

1) 13 – 4 =

2) 14 – 4 =

3) 15 – 4 =

4) 16 – 4 =

5) 17 – 4 =

6) 18 – 4 =

7) 19 – 4 =

8) 20 – 4 =

9) 15 − 4 =

10) 18 − 4 =

11) 17 − 4 =

12) 14 − 4 =

13) 16 − 4 =

14) 20 − 4 =

15) There are 13 brown plants and 4 green plants. How many more brown plants are there?

Equation: _____

Answer: _____ Brown plants

117 Subtracting 4 ⑦

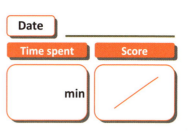

♠ **Subtract.**

1) $5 - 4 =$

2) $15 - 4 =$

3) $6 - 4 =$

4) $8 - 4 =$

5) $18 - 4 =$

6) $19 - 4 =$

7) $10 - 4 =$

8) $20 - 4 =$

9) 11 − 4 =

10) 7 − 4 =

11) 15 − 4 =

12) 12 − 4 =

13) 16 − 4 =

14) 18 − 4 =

15) 13 − 4 =

16) 17 − 4 =

17) 9 − 4 =

18) 14 − 4 =

118 Subtracting 4 ⑧

♠ **Subtract.**

1) $4 - 4 =$

2) $14 - 4 =$

3) $5 - 4 =$

4) $10 - 4 =$

5) $15 - 4 =$

6) $20 - 4 =$

7) $7 - 4 =$

8) $17 - 4 =$

9) There were 8 slices of pizza. After Brayden ate some slices, 4 slices are left. How many slices did Brayden eat?

Equation: _____

Answer: _____ slices

10) In a toy room, there are 15 red blocks and 4 blue blocks. How many more red blocks are there than blue blocks?

Equation: _____

Answer: _____ red blocks

119 Subtracting 4 ⑨

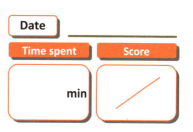

♠ **Subtract.**

1) 10 − 4 =

2) 7 − 4 =

3) 16 − 4 =

4) 12 − 4 =

5) 5 − 4 =

6) 14 − 4 =

7) 8 − 4 =

8) 18 − 4 =

9) 13 − 4 =

10) 9 − 4 =

11) 17 − 4 =

12) 19 − 4 =

13) 20 − 4 =

14) 4 − 4 =

15) 11 − 4 =

16) 21 − 4 =

17) 6 − 4 =

18) 15 − 4 =

120 Subtracting 4 ⑩

♠ **Subtract.**

1) $4 - 4 =$

2) $14 - 4 =$

3) $6 - 4 =$

4) $16 - 4 =$

5) $8 - 4 =$

6) $18 - 4 =$

7) $10 - 4 =$

8) $20 - 4 =$

9) Grace bought a box of chocolates, and there were 18 pieces of chocolate in the box. She ate 4 out of 18. Then how many chocolate pieces were left in the box?

Equation: _____

Answer: _____ pieces

10) There are 13 children reading a book in the library. After 4 go home, how many children are left reading?

Equation: _____

Answer: _____ children

B – 3: Answers

Week 1

81 (p. 5 ~ 6)
① 0   ② 1   ③ 2   ④ 3   ⑤ 4
⑥ 1   ⑦ 2   ⑧ 3   ⑨ 4

82 (p. 7 ~ 8)
① 4   ② 3   ③ 2   ④ 1   ⑤ 0
⑥ 1   ⑦ 2   ⑧ 3   ⑨ 2   ⑩ 4
⑪ 3   ⑫ 1   ⑬ 0   ⑭ 4
⑮ 3 − 1 = 2, 2

83 (p. 9 ~ 10)
① 5   ② 6   ③ 7   ④ 8   ⑤ 9
⑥ 6   ⑦ 7   ⑧ 8   ⑨ 9

84 (p. 11 ~ 12)
① 5   ② 7   ③ 9   ④ 8   ⑤ 6
⑥ 5   ⑦ 7   ⑧ 6   ⑨ 9   ⑩ 5
⑪ 7   ⑫ 6   ⑬ 8   ⑭ 5
⑮ 8 − 1 = 7, 7

85 (p. 13 ~ 14)
① 10   ② 11   ③ 12   ④ 13   ⑤ 14
⑥ 15   ⑦ 16   ⑧ 17   ⑨ 18

86 (p. 15 ~ 16)
① 10   ② 12   ③ 14   ④ 16   ⑤ 18
⑥ 11   ⑦ 13   ⑧ 15   ⑨ 14   ⑩ 11
⑪ 16   ⑫ 19   ⑬ 13   ⑭ 18
⑮ 18 − 1 = 17, 17

87 (p. 17 ~ 18)
① 20   ② 21   ③ 22   ④ 23   ⑤ 24
⑥ 25   ⑦ 26   ⑧ 27   ⑨ 28

88 (p. 19 ~ 20)
① 20   ② 22   ③ 24   ④ 26   ⑤ 28
⑥ 23   ⑦ 25   ⑧ 27   ⑨ 21   ⑩ 25
⑪ 29   ⑫ 23   ⑬ 28   ⑭ 26
⑮ 26 − 1 = 25, 25

89 (p. 21 ~ 22)
① 6   ② 10   ③ 4   ④ 23   ⑤ 14
⑥ 1   ⑦ 26   ⑧ 8   ⑨ 17   ⑩ 5
⑪ 13   ⑫ 29   ⑬ 9   ⑭ 26   ⑮ 2
⑯ 29   ⑰ 16   ⑱ 7

90 (p. 23 ~ 24)
① 1   ② 11   ③ 21   ④ 6   ⑤ 16
⑥ 26   ⑦ 7   ⑧ 9
⑨ 6 − 1 = 5, 5   ⑩ 12 − 1 = 11, 11

Week 2

91 (p. 27 ~ 28)
① 0   ② 1   ③ 2   ④ 3   ⑤ 4
⑥ 0   ⑦ 1   ⑧ 2   ⑨ 3   ⑩ 4

92 (p. 29 ~ 30)
① 1   ② 3   ③ 2   ④ 4   ⑤ 3
⑥ 2   ⑦ 1   ⑧ 0   ⑨ 2   ⑩ 4
⑪ 0   ⑫ 3   ⑬ 1   ⑭ 2
⑮ 6 − 2 = 4, 4

93 (p. 31 ~ 32)
① 4   ② 5   ③ 6   ④ 7   ⑤ 8
⑥ 4   ⑦ 5   ⑧ 6   ⑨ 7   ⑩ 8

94 (p. 33 ~ 34)
① 4   ② 6   ③ 8   ④ 5   ⑤ 7
⑥ 4   ⑦ 6   ⑧ 5   ⑨ 8   ⑩ 4
⑪ 7   ⑫ 5   ⑬ 3   ⑭ 6
⑮ 10 − 2 = 8, 8

95 (p. 35 ~ 36)
① 10   ② 11   ③ 12   ④ 13   ⑤ 13
⑥ 14   ⑦ 15   ⑧ 16   ⑨ 17